泉美智子·文　佐藤直美·圖　唐亞明·譯

經濟學是什麼？

⑥ 如果公司不顧地球環境

香港中文大學出版社

泉美智子・文　佐藤真美・圖　唐亞明・譯

3 不顧地球環境的公司難以生存
（企業針對全球暖化的對策）

頁24

4 如果時光能倒流……
（我們為防止全球暖化能做什麼？）

頁34

1 天氣預報靠不住？
（全球暖化引起氣象異常）

2020年11月3日是日本公共假期文化日，

小哲一家去附近的湖泊遊玩。

天氣預報說，今天晴朗，最高氣溫32度，最低25度。

爸爸穿着短袖襯衫，媽媽穿着無袖連衣裙，小哲穿着T恤。

一家三口上了遊艇。

有人在湖邊曬太陽，有人在湖裏游泳。

從前，湖裏有好多鯽魚、鯉魚與鱒魚等魚類，

現在只剩下熱帶魚了，看不到有人釣魚。

傍晚，爸爸開車回家。

過了半小時左右，突然傳來轟隆隆的雷聲，

天色一下黑下來，下起了傾盆大雨。

爸爸開啟車燈，放慢車速，慎重前行。

前面的幾輛車好像出了交通事故，

車堵得動彈不了。

小哲發牢騷說：「天氣預報真是靠不住啊！」

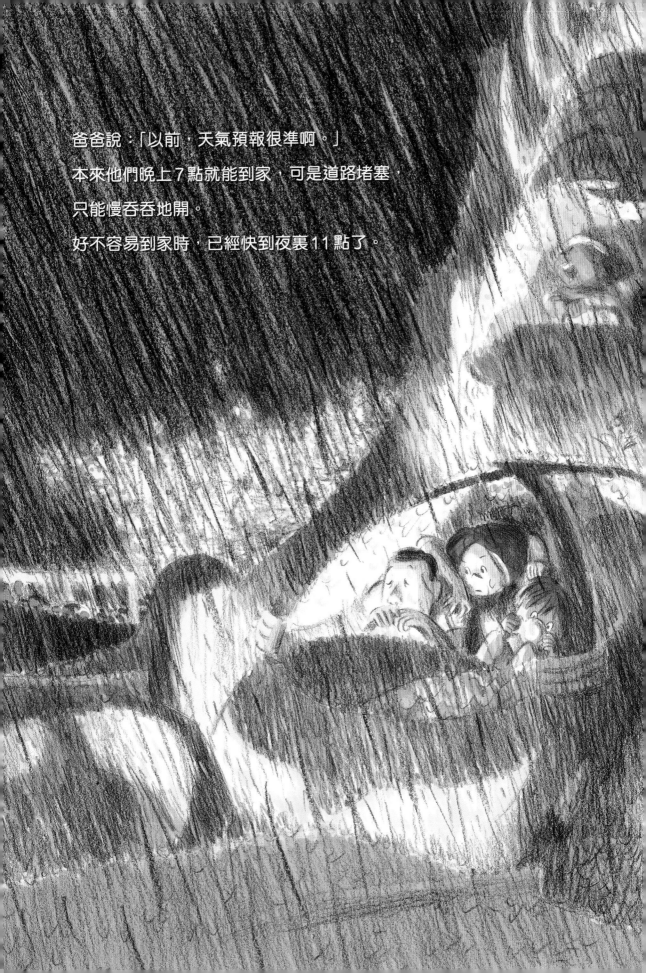

爸爸說：「以前，天氣預報很準啊。」

本來他們晚上7點就能到家，可是道路堵塞，

只能慢吞吞地開。

好不容易到家時，已經快到夜裏11點了。

第二天早上，打開電視一看，

報導員正在播送新聞：

「從昨天傍晚開始下的大雨，

在本市南部引發洪水，目前已有5人死亡。」

今天早上，晴空萬里。

可是媽媽對出門上班的爸爸說：

「你別忘了帶上雨傘。」

最近，誰也不相信天氣預報了。

地球好像發燒一樣，

氣溫上升，氣候異常。

小哲睡眼惺忪，一邊揉着眼睛，一邊吃早飯。

現在，好吃的大米特別貴，

小哲吃的米飯又長又細且乾巴巴的，不好吃。

由於近海水溫上升，

不適合三文魚、鱈魚和秋刀魚等魚類生存，

飯桌上已經沒有從前那麼多好吃的魚了。

麵粉也漲價，連麵包都成了奢侈品。

到了11月，樹上的葉子還是綠的。

開櫻花的季節變成了2月底至3月初。

只有12月到第二年2月的3個月時間裏，

大人才穿西裝上班。

誰都不需要大衣和圍巾了。

從6月至9月，很多天的最高氣溫超過35度，

最低氣溫25度，學校放很長的暑假。

不過，已經沒有寒假了。

小學教室裏的空調，

到11月4日的今天還在放冷氣。

10 2020

ON　TUE　WED　THU　FRI　SAT

1　2　3

1 2021

SUN　MON　TUE　WED　THU

2 地球發燒了！
（全球暖化和地球環境的變化）

油田接近枯竭，用汽油的汽車少了，

街上跑的多是電動汽車和電動單車。

由於大量使用冷氣和電動汽車，耗電量猛增。

建設新的發電站，也難以滿足電力消費的需求。

所以政府規定，便利店每晚8點關門，

電視廣播晚上10點結束。

電費不斷上漲，大家都在注意節約用電。

空調開得小一點，冰箱買小一點的。

只有耗電量小的電視才有市場。

街上幾乎看不到自動售貨機了。

最嚴重的問題是，由於地球發燒了，

糧食價格上漲了。

貧困國家遭受的災難最大。

食物短缺，致使不少人餓死。

另外，久旱不雨，水源不足。

如果氣溫這樣持續上升的話，

食品和水的短缺，

將會造成世界人口不斷減少。

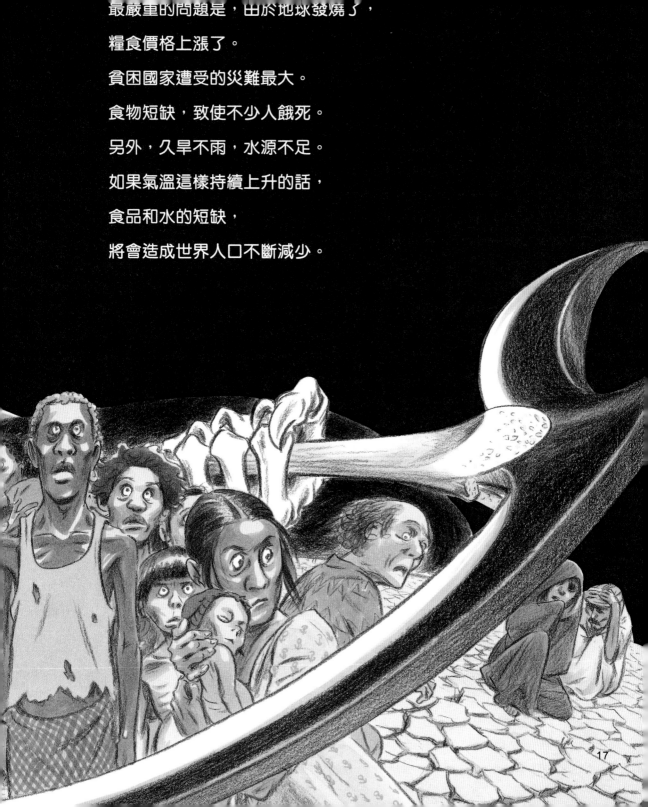

17

小哲的爺爺是地球物理學家，

今年68歲了。

他說：「我年輕時可沒有這麼熱，

那時可以享受四季變化的樂趣呀！

本來大自然自己保持着平衡，

植物的成長依靠吸收動物排出的二氧化碳。」

爺爺耐心地對小哲說：

「人類發明了各種方便的電器，

沒有電，機器動不了。

全世界的人都渴望生活方便，

所以二氧化碳的排放量越來越大，

致使氣溫上升，氣候異常。」

爺爺從書架上取出一個舊文件夾，

給小哲看上面貼的剪報。

報紙上的日期是 1997 年 11 月 30 日。

「那時我 45 歲。」

小哲吃了一驚，

報上的標題是〈近藤博士預測全球暖化的危險〉。

爺爺20年前就在報上預測：

「如果像現在這樣，二氧化碳排放量持續增加，

數十年後，地球的平均氣溫將不斷上升，

海面也會升高，小島國有可能被海水淹沒。」

「海面為什麼升高呢？」

「南極的冰雪和喜馬拉雅山頂附近的冰河融化，

就會使海水增多，海水溫度上升後體積也會加大，

所以海面會升高。」

「的確，就像爺爺預測的那樣，

氣溫越來越高了。那大家為什麼沒注意到呢？」

「那就像溫水煮青蛙呀。

你把青蛙放進鍋裏的涼水，慢慢加溫，

青蛙也許覺得舒服，不往外跳，

最後牠們會被煮死。

但是，如果你把青蛙一下放進熱水裏，

牠們一定會嚇得從鍋裏蹦出來。」

「全球暖化也是這樣啊。

全球暖化緩慢進展着，

人就感覺不到真正的可怕。

所以在當年，誰也不聽我說的。」

爺爺嘆了口氣。

小哲以前一直覺得爺爺「性格乖僻」，

現在突然覺得爺爺可敬可佩。

3 不顧地球環境的公司難以生存（企業針對全球暖化的對策）

爺爺說，地球發燒的
原因是二氧化碳，
工廠和發電廠的煙囪排放的煙裏就有。
那些工廠生產着我們日常生活的必需品，
以及建築樓房所需的鋼材、水泥和玻璃等。
人類明知這些生產活動會給地球帶來惡劣影響，
但是長期以來，還是任意排放二氧化碳，
未做任何努力去改善這種狀況。這就是全球變暖的原因。

日本全國有300多家「艾可露」連鎖超市。

「艾可露」的總經理帶頭節能，

他指示各家超市努力減少耗電量，

拆除自動門，並調弱了空調。

超市有不少員工認為：

「讓客人舒適地購物，是超市的義務。」

可總經理不同。

他認為：「我們努力阻止地球變暖，

一定會得到大多數顧客的贊同。」

事情不做過不知道。

正如總經理所想，

「艾可露」的收銀台前，顧客總是排着長隊。

在超市門口，年輕的母親為上了年紀的人開門關門，

顧客之間關愛互助。

不知為什麼，大型超市「因達斯」的顧客卻很少。

營業主任表情凝重，他一邊看着銷售額統計表，

一邊想：「我們的超市冷氣舒適，

店裏燈光明亮，還放着音樂呢。

我們的服務也很周到，

可為什麼顧客這麼少呢？」

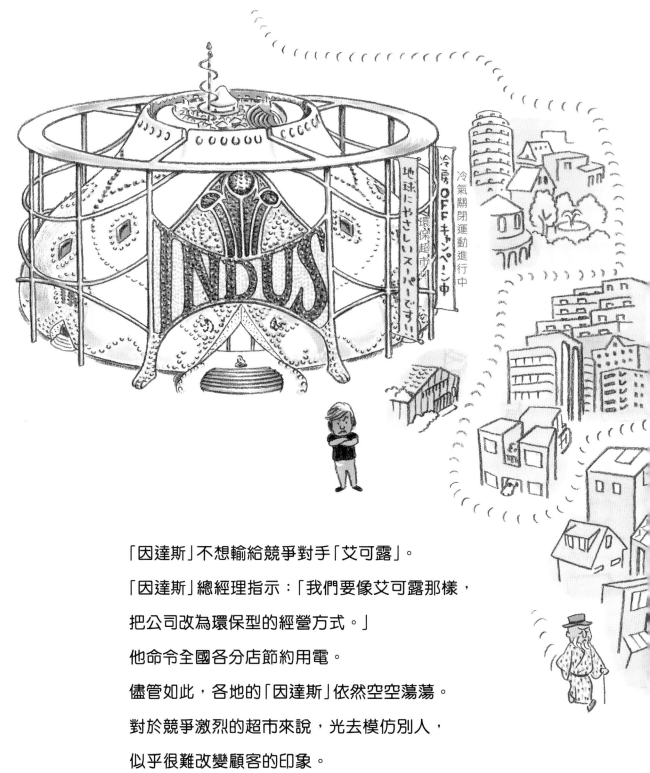

「因達斯」不想輸給競爭對手「艾可露」。

「因達斯」總經理指示：「我們要像艾可露那樣，

把公司改為環保型的經營方式。」

他命令全國各分店節約用電。

儘管如此，各地的「因達斯」依然空空蕩蕩。

對於競爭激烈的超市來說，光去模仿別人，

似乎很難改變顧客的印象。

小哲家也是這樣，雖然離「艾可露」遠一點，

但也願意去買東西。

因為顧客不想被「溫水煮蛙」，

所以願意購買重視環保的公司出的產品，

願意在重視環保的商店購物。

艾可露

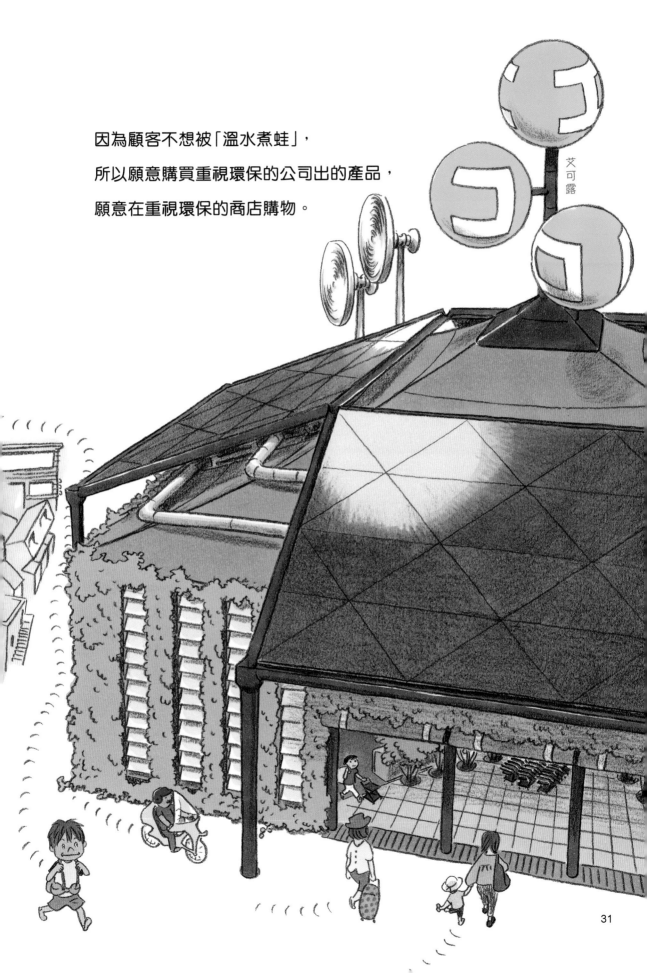

當然，努力防止全球暖化加劇的，

不只「艾可露」超市一家。

黑川電氣公司正在努力研製節能家用電器，

他們成功地把耗電量減少到了20年前的四分之一。

顧客們喜愛環保的產品和服務。

這樣的公司銷售額上升，利潤也增多了。

阿卡伊汽車公司的新車暢銷。

這種車的能源，是用從垃圾裏提取的氫，

與空氣中的氧產生反應後生成的電。

這種電動汽車行走時只排出水，是理想的環保車。

超市「艾可露」收集垃圾，提供給阿卡伊汽車公司，

協助他們提取氫，用作新的汽車燃料。

4 如果時光能倒流……
（我們為防止全球暖化能做什麼？）

中國有14億人口，是日本的10倍。

與20年前相比，中國的變化令人驚嘆。

人民生活逐漸富裕了起來。

從前，偏僻山村的孩子看電視，

要靠父親蹬單車發電。

而現在，不斷建設火力發電站，

深山裏也通了電。

中國的二氧化碳排放量超過了美國，成為世界第一。

經濟發展了，二氧化碳的排放量就會增加。

中國正在大力減少二氧化碳的排放量，

比如利用沼氣發電，在沙漠上用太陽能發電，

還有植樹造林等等，

開展着各種節能環保的活動。

但是，儘管世界上的個人和公司，做了這麼多努力，

地球暖化仍然得不到根本的改善。

為了解開這個謎，小哲又前往爺爺家。

爺爺在桌子上放了一個裝滿水的玻璃杯，問道：

「我在杯子裏放一勺糖，水就會變甜。

那我再放一勺呢？」

「那就更甜了啊。」

「對，糖的濃度越高，糖水就越甜。

與此相同，煙囪裏冒出的二氧化碳多了，

空氣中的二氧化碳也就多了，

地球就會越來越熱。」

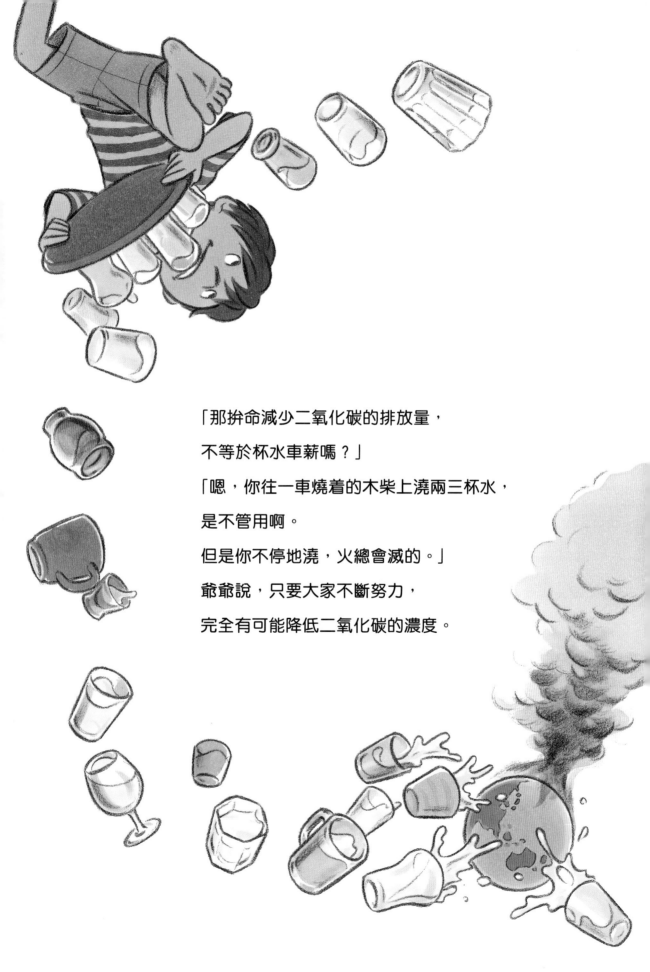

「那拚命減少二氧化碳的排放量，
不等於杯水車薪嗎？」
「嗯，你往一車燒着的木柴上澆兩三杯水，
是不管用啊。
但是你不停地澆，火總會滅的。」
爺爺說，只要大家不斷努力，
完全有可能降低二氧化碳的濃度。

晚飯後，小哲一家看電視。

只見報導員難過地說：

「北極熊快要滅絕了。

由於地球暖化，冰山正在迅速融化，

那些大白熊連去打獵都無處下腳了。

牠們抓不着海豹等獵物。

缺少食物，是北極熊滅絕的主要原因。」

第二天，小哲和爸爸一起去動物園。

他們先去了「北極館」和「南極館」。

在動物園的「北極館」裏，還能看到北極熊。

但是，入場需另買門票。

因為維持適合北極熊生存的環境，需要花很多錢。

小哲盯着３隻北極熊，自言自語地說：

「牠們只能住在人工的『北極』啊……

如果每個人早一點往地球上澆一杯水就好了。

對不起你啊，北極熊！」

如果時光能倒流，

大家都會懂得努力防止地球發燒吧。

那也不需要像現在這樣花那麼多錢。

可是，一旦發燒，

要治好它，則需要大量的財力、物力和時間。

不過，小哲才10歲，他今後能幹的事情可多着呢。

「哦，我又想出一個主意！」

小哲立刻去實行。

爸爸和媽媽看着他，雖然驚訝……

但並沒有阻止他。

文：泉美智子

「兒童環境・經濟教育研究室」代表，理財規劃師、日本兒童文學作家協會會員，曾任公立鳥取環境大學經營學部準教授。她在日本全國舉辦面向父母和兒童、小學生、中學生的經濟教育講座，同時編寫公民教育課外讀物和紙芝居（即連環畫劇）。主要著作有《保險是什麼？》（近代セールス社，2001）、《調查一下金錢動向吧》（岩波書店，2003）、《電子貨幣是什麼？》（1–3）（汐文社，2008）、《圖說錢的秘密》（近代セールス社，2016）等。

圖：佐藤直美

插圖畫家，畢業於多摩美術大學，作品有紙芝居《雞蛋與金錢》等。

譯：唐亞明

在北京出生和成長，畢業於早稻田大學文學系、東京大學研究生院。1983年應「日本繪本之父」松居直邀請，進入日本最權威的少兒出版社福音館書店，成為日本出版社的第一個外國人正式編輯，編輯了大量優秀的圖畫書，多次榮獲各種獎項。曾任「意大利波隆那國際兒童書展」評委、日本國際兒童圖書評議會（JBBY）理事、全日本華僑華人文學藝術聯合會會長，以及日本華人教授會理事。主要著作有《翡翠露》（獲第8屆開高健文學獎勵獎）、《哪吒和龍王》（獲第22屆講談社出版文化獎繪本獎）、《西遊記》（獲第48屆產經兒童出版文化獎）等。

《經濟學是什麼？⑥如果公司不顧地球環境》

泉美智子 著
佐藤直美 圖
唐亞明 譯

繁體中文版 © 香港中文大學 2019
『はじめまして!10歳からの経済学〈6〉もしも会社が地球環境を考えなかったら』© ゆまに書房

本書版權為香港中文大學所有。除獲香港中文大學書面允許外，不得在任何地區，以任何方式，任何文字翻印、仿製或轉載本書文字或圖表。

國際統一書號（ISBN）：978-988-237-139-2

出版：香港中文大學出版社
　　　香港 新界 沙田・香港中文大學
　　　傳真：+852 2603 7355
　　　電郵：cup@cuhk.edu.hk
　　　網址：www.chineseupress.com

What is Economics?
⑥ What if Companies Do Not Care about the Environment

By Michiko Izumi
Illustrated by Naomi Sato
Translated by Tang Yaming

Traditional Chinese Edition © The Chinese University of Hong Kong 2019
Original Edition © Yumani Shobo

All Rights Reserved.

ISBN: 978-988-237-139-2

Published by The Chinese University of Hong Kong Press
The Chinese University of Hong Kong
Sha Tin, N.T., Hong Kong
Fax: +852 2603 7355
Email: cup@cuhk.edu.hk
Website: www.chineseupress.com

Printed in Hong Kong